AF509112

V

LETTRE

A MONSIEUR VIREY,

l'un des rédacteurs du journal de pharmacie,

Sur son article d'un Miracle de Moïse *pour adoucir
les eaux saumâtres*, confirmé *par diverses expériences*, etc. (Journal de Pharmacie, août 1815.)

MONSIEUR,

J'ouvre le *Journal de Pharmacie* du mois d'août,
et j'y vois un article qui excite mon attention et
pique ma curiosité; cet article a pour titre : « *D'un
» Miracle de Moïse pour adoucir les eaux sau-
» mâtres, confirmé* par diverses *expériences;* et des
» remèdes contre les maladies produites par les
» mauvaises eaux. » Je le lis avec empressement;
mais combien de réflexions cette lettre ne fait-elle
pas naître dans mon esprit!.....

Je vous adresse, monsieur, quelques observa-
tions sur cet article. Je me bornerai à ce qui a rapport aux *causes purement physiques* et *chimiques*
par lesquelles vous *expliquez* les *miracles*. Sans en-
trer dans aucune discussion sur le fond, et sans
chercher à étaler une vaste érudition, qui ne me
siérait nullement, j'entre de suite en matière.

Vous voulez, monsieur, expliquer le miracle de
Moïse rapporté au livre de l'Exode, chap. xv,

vers. 25 et suiv., auquel cependant vous ne paraissez pas trop croire, puisque vous nous dites que *Moïse paraît* l'avoir *pratiqué.*

C'est se donner beaucoup de peine inutilement, que de vouloir *expliquer* un *miracle* auquel on ne *croit* pas. Voyons comment vous vous en tirez!....

Voici le texte que vous donnez : « Les Israélites » vinrent en Mara, et ils ne pouvaient boire les » eaux de ce lieu, parce qu'elles étaient amères, » d'où vient le nom de *Mara.* Alors le peuple mur- » mura contre Moïse, disant : Que boirons-nous? » Moïse s'adressa à l'Éternel, et l'Éternel lui mon- » tra un bois qui, jeté dans ces eaux, les rendit » douces. »

Je vous demanderai d'abord, monsieur, pour- quoi vous n'avez pas cité *exactement le texte de l'Écriture* : cela n'influe pas heureusement ici sur l'intelligence du passage dont nous nous occupons; mais c'est une mauvaise habitude, chez beaucoup d'auteurs, de donner un texte à leur manière.

Je vous demanderai, en second lieu, si votre ar- ticle a beaucoup de rapport avec la *pharmacie* et les *sciences accessoires?*.... Quoi qu'il en soit, con- tinuons.

Les voyageurs ont retrouvé, dites-vous, le désert où s'est opéré le miracle de Moïse; et Pierre Belon *prétend* avoir goûté les eaux, qui sont « *salées* et » *amères* : le terrain où elles coulent est stérile, » sablonneux et nitreux, c'est-à-dire, salin. »

Vous ajoutez que la principale cause de l'amer-

tume de ces eaux est, « *comme on le sait*, le *mu-*
» *riate de chaux* ou le *sous-muriate calcaire*, qui
» les rend aussi *limoneuses*. »

Mais, monsieur, est-ce sur l'assertion de Pierre
Belon, qui *dit* avoir goûté l'eau de Mara, que *l'on
sait* qu'elle doit son amertume au *muriate de chaux*
ou au *sous-muriate calcaire*, qui la rend aussi *limoneuse* ? Je crois que vous auriez dû nous dire plus
clairement quelles sont les autorités dignes de foi
sur lesquelles nous pouvons nous reposer pour cette
connaissance de la *composition* des eaux de Mara.

Vous me permettrez de vous faire ici une observa-
tion sur l'emploi de deux mots qui, dans le langage
ordinaire de la chimie, expriment deux sels différens.
La différence qui existe entre un *muriate* et un *sous-
muriate*, est due à la quantité plus grande de *base*
dans ce dernier sel ; et, dans ce sens, le *muriate de
chaux* est un sel amer, déliquescent, qui cristallise
difficilement, etc. ; et je crois que le nom de *sous-
muriate calcaire* ne doit s'appliquer qu'à ce sel forte-
ment calciné, qui a perdu une portion de son acide,
et qui, frotté dans l'obscurité, donne de la lumière,
d'où lui est venu le nom de *phosphore de Homberg*.
Or, ce sel se décompose par l'eau ; il se sépare de la
chaux, et il reste en dissolution du *muriate de
chaux*.

Ainsi, monsieur, lequel des deux sels voulez-
vous que nous voyions dans l'eau de Mara ? Si c'est
le *muriate de chaux*, il est *déliquescent* ; il en fau-
drait alors une quantité bien considérable pour

rendre l'eau *limoneuse* ; si c'est le *sous-muriate* , il se décompose par l'eau : c'est donc de la chaux qui y reste en suspension , et la rend *limoneuse*.

Un peu plus de précision dans les expressions n'aurait pas nui à l'intelligence de votre *curieuse* explication du miracle de Moïse.

D'ailleurs, monsieur, dans l'acception ordinaire des termes, on dit qu'une eau est *limoneuse* quand elle charrie des matières terreuses qui en troublent la transparence ; et je ne crois pas que la présence d'un sel dans l'eau puisse la rendre *limoneuse* : je crois qu'il ne pourrait que la troubler.

Mais vous ajoutez : « Ce sel (le *muriate de chaux* » ou le *sous-muriate calcaire*) se trouve mêlé, dans » ces terrains, aux muriate et sulfate de soude, plus » ou moins abondans dans ces sources saumâtres. »

Ah ! monsieur, je ne puis laisser passer celle-là ! Vous me permettrez de vous demander où vous avez trouvé que le sulfate de soude et le muriate de chaux pouvaient exister ensemble sans se décomposer réciproquement? Il me semble que le premier livre de chimie vous aurait dit que tous les sulfates, à l'exception seulement de celui de chaux , sont décomposés par le muriate de chaux , et cela découle de cette loi : que quand deux sels solubles peuvent donner , par leurs décompositions réciproques, un sel insoluble ou peu soluble et un sel soluble, la décomposition a lieu , à moins qu'il ne puisse se former de sel triple ; et ici il ne peut s'en former.

Le sulfate de soude et le muriate de chaux se

décomposent donc réciproquement, et donnent du sulfate de chaux et du muriate de soude, à moins que les liqueurs ne soient très-étendues; car il pourrait être douteux, alors, que la décomposition eût lieu. Mais, comme vous nous avez dit plus haut que le *muriate de chaux* ou le *sous-muriate calcaire* rendoit *limoneuse* l'eau de Mara, une si grande quantité de sel doit précipiter abondamment par le sulfate de soude.

Quand on veut tant faire que d'*expliquer* des *miracles*, il ne faut pas tomber dans l'erreur sur des faits à la portée de toute personne tant soit peu instruite en chimie.

Je suis étonné que vous n'ayez pas cherché à expliquer comment le prophète Élizée a adouci les mauvaises eaux de Jéricho avec du sel; mais je vous demanderai si l'exemple des Arabes, qui s'accoutument par nécessité à boire des eaux saumâtres et salées, a le moindre rapport avec le sujet que vous traitez?

Quant à l'eau que l'on faisait boire à la femme adultère, je suis enchanté d'apprendre de vous que c'était une *potion, probablement* une infusion d'*herbes amères.*

Scheuchzer, et avec lui bien d'autres auteurs, ont pensé que Moïse avait fait un miracle en adoucissant les eaux amères de Mara, et je crois que nous aurions mieux fait de nous en tenir à cette idée, que de chercher à expliquer un miracle par les moyens que vous mettez en usage. Mais qu'ai-je dit ! ce serait au-dessous des *lumières du siècle !*...

Mais, monsieur, qu'avaient besoin de figurer ici Théodoret, saint Cyprien, etc. qui *«ne voyaient par-* » *tout que des symboles, et ne cherchaient à tout* » *que du mystère ?* » Je vous demanderai si cela a le moindre rapport avec l'explication de notre miracle ? Et qu'importe aussi à cette explication que les rabbins aient pensé que le bois dont Moïse s'est servi, fût de l'arbre de vie ? cela ne fait rien à notre sujet.

Vous vous demandez : « Quel est ce bois merveil- » leux qui jouit de la propriété *naturelle* d'adoucir » les eaux amères ? »

L'Écriture dit-elle, monsieur, que Moïse se soit servi d'un bois dont la propriété *naturelle* fût d'adoucir l'amertume des eaux ? Mais poursuivons.

Vous citez, avec une vaste érudition, les opinions des rabbins Jéhosua, Éliézer, Jonathan, Jéhosua fils, etc.; sur les différens arbres dont ils ont cru que *Moïse* s'était servi pour faire son miracle ; mais on ne voit pas trop bien quelle est la conclusion de cet article. A quel bois vous arrêtez-vous, monsieur ? Je crois que ce pourrait bien être au *rhodo-daphne*, ou Ardiphne, ou Hirdophne, ou laurier-rose , ῥόδον δαφνή, *nerium oleander*.

Il me semble, cependant, que le laurier-rose qui, vous le dites vous-même , est, comme les plantes de la famille des *apocyns*, d'une *âcreté vénéneuse*, ne serait guère bon pour rendre *douce* une eau *amère*. Ce serait vouloir sucrer avec du fiel, ou rendre de l'eau claire avec du limon.

Vous nous dites, monsieur, « qu'il serait fort con-
» tradictoire de penser qu'un bois *amer* puisse ren-
» dre de l'eau *douce*, et qu'on pense bien qu'un
» bois, quel qu'il soit, est *incapable* d'enlever ces
» sels (le muriate ou le sous-muriate de chaux, le
» muriate et le sulfate de soude) à l'eau, ainsi que
» *paraît* l'avoir pratiqué Moïse. » Et cependant vous nous apprenez que — des expériences ont fait connaître que les substances *amères* ou *astringentes* avaient la propriété de précipiter diverses *matières terreuses suspendues* dans des eaux malsaines et croupissantes; que — c'est pour cela que les Indiens font usage du thé, et que les Hollandais les imitent; que, — dans l'Inde orientale, les eaux du Gange et d'autres fleuves sont troubles et fort répugnantes à boire, et que l'on frotte les parois des vases qui les contiennent, de quelques graines de *titan-cote*, espèce de fève-saint-Ignace ou noix vomique, *stry- chnos potatorum*, et que le principe amer de ce végétal *précipite* les *substances terreuses* tenues en suspension, et que l'eau devient claire et *potable*.

Mais, de matières terreuses tenues en *suspension* dans l'eau, à du muriate ou du sous-muriate de chaux qui est en *dissolution* dans l'eau et la rend *limoneuse*, il y a une certaine différence.

Vous ajoutez : « L'amertume due au muriate cal-
» caire est presque toute détruite par le *principe*
» *amer*, qui précipite cette base de chaux en se

» combinant avec elle ; et ce même principe, étant
» combiné et déposé, n'est presque plus soluble
» dans l'eau. »

Enfin vous dites « que les bois amers, si multi-
» pliés dans les climats chauds, sont *naturellement*
» appropriés à l'assainissement des mauvaises eaux,
» qui croupissent, deviennent fétides et limo-
» neuses. »

Ces différentes assertions ne me paraissent pas des
plus faciles à concilier, et sont à peu près, à ce qu'il
me semble, de la même nature que ces grands raisonnemens d'un écrivain connu, qui se contredi-
sait souvent quatre fois dans une même page.

Mais vous allez me répondre, monsieur, que les
raisonnemens ne sont rien contre les faits, et que
« les chimistes français de l'expédition d'Égypte
» ont cité plusieurs exemples d'eaux ainsi salées,
» amères et troubles, dans leurs mémoires et dans
» la description de cette célèbre contrée. »

Ah ! monsieur, vous me portez là un coup bien
sensible ! Si les chimistes français, dont vous
parlez, ont trouvé des eaux de la nature de celle
que vous citez, je m'avoue vaincu ; mais le mal-
heur est qu'ils n'en disent pas un mot dans leurs
mémoires et la *description de cette célèbre contrée.*

Je reviens aux exemples que vous donnez dans
votre note : « la teinture de kinkina versée dans
» l'eau trouble, seulement à la dose de quelques
» gouttes, produit bientôt un précipité, et l'eau
» s'éclaircit. »

Mais croyez-vous , monsieur, que Moïse eût une décoction de kinkina pour adoucir l'eau de Mara?

« L'alcohol gallique précipite la chaux même de » sa dissolution dans l'acide muriatique. »

Je vous demanderai, monsieur, si Moïse avait à sa disposition de l'alcohol gallique ?

Vous nous apprenez aussi « qu'en Égypte on fait » bouillir les eaux pour les assainir , et que les ha-» bitans du Kaire clarifient leur eau en y jetant » une poignée d'amandes pilées. »

Vous nous dites que , « d'après Pline , on adou-» cit l'eau, en moins de deux heures, en mettant » tremper du gruau sec pour faire une sorte de » bouillie très-liquide , et que la fadeur de cette se-» mence céréale ou farineuse masque la saveur dé-» plaisante du liquide , ou la rend du moins sup-» portable. »

Croyez-vous, monsieur, que tous ces exemples aient beaucoup de rapport avec le miracle de Moïse, qui , sans doute, n'a pas fait bouillir les eaux de Mara pour leur ôter la saveur amère que leur com-munique le muriate ou le sous-muriate de chaux qui les rend aussi limoneuses? et certainement que les amandes pilées n'étaient pas le *bois* dont il s'est servi, non plus que le gruau, dont sans doute il n'a-vait pas une assez grande quantité pour faire une *bouillie* avec les eaux de Mara.

Enfin , que fait à l'explication de notre miracle que certaines eaux qui roulent sur des terrains cal-caires ne soient pas propres à la *teinture;* que le tannin et l'acide gallique décomposent partiellement les *sulfates d'alumine et de fer ;* que le kinkina, les quassia, le codaga pâle, ou nérium dissentericum, les strychnos, servent à l'assainissement des eaux et à « *la guérison des maux qui proviennent de celles qui sont mauvaises ou chargées de débris de végétaux , de sels à base terreuse ou d'un limon impur?* »

En dernier lieu, il me paraît que l'exemple que vous citez des *remèdes* qui sont placés là où leur *utilité* est plus *grande,* comme la *groseille mûrit en été,* et le *marron* en *hiver ,* n'a pas beaucoup de rapport à notre miracle, et surtout n'est pas écrit de la manière la plus claire.

De toutes ces citations et de tous ces exemples, je vous prierai, monsieur, de nous dire ce que je pourrai et ce que pourra conclure toute personne qui aura lu votre article *sur la nature du bois dont Moïse s'est servi pour rendre douce l'eau amère de Mara.* Tout ce que je sais, c'est que l'on n'y apprend rien de ce que l'on croit y trouver, et qu'après avoir lu votre note, on est obligé de se dire : A quoi bon écrire sur un objet, et vouloir le ramener à des *causes purement physiques et chimiques;* et, après avoir fait un long article, ne pas donner la moindre solution de la question que l'on a traitée ?

Je conclurai donc de tout ce que j'ai dit jusqu'ici, que, quand on veut se donner la peine d'*expliquer* des *miracles* par des causes *physiques et chimiques*, il faut donner une explication claire et de telle nature que l'on ne puisse y trouver un seul mot à redire, et non des *probablement*, *on dit*, *on sait*, et un assemblage de faits incohérens qui n'ont aucun trait à la question, et qui ne peuvent servir qu'à jeter, comme on le dit, de la poudre aux yeux de ceux qui s'en laissent imposer par de grandes phrases et un appareil de sciences et de vastes connaissances, et qu'il est beaucoup mieux de laisser un miracle avec sa simplicité, que de vouloir l'expliquer par des causes *physiques et chimiques* de la nature de celles dont vous faites usage ; car quand même on pourrait purifier une certaine quantité d'eau par l'un des moyens que vous nous indiquez, il ne serait pas dit pour cela qu'il fût possible d'opérer le même effet sur une masse d'eau comme était probablement la source de Mara. Ce serait comme celui qui voudrait sucrer l'eau d'une rivière, ou *dessaler l'eau de la mer* avec du *gruau*.

Je terminerai par quelques réflexions sur le dernier article de votre note, où vous dites : « Nous » ajouterons encore que les personnes qui nient » *tous* les *miracles* cités dans la *Bible*, devraient » plutôt considérer s'ils ne se rapportent point à » des *phénomènes* de *physique* ou de *chimie*, ou » d'*histoire naturelle* et de *médecine*. »

Eh ! pourquoi, monsieur, ne nous avez-vous pas expliqué *tous* les *miracles* rapportés dans la *Bible*, et que vous ne *niez* pas (car, d'après votre phrase, on a lieu de penser que vous ne croyez pas à *tous*) les prodiges opérés par Moïse devant les magiciens d'Égypte ; la dissolution du veau d'or dans l'eau , sans doute au moyen des sulfures alcalins ; les sept plaies de l'Egypte ; l'eau sortant du rocher frappé de la verge de Moïse ; la résurrection d'un mort sur le tombeau du prophète Élizée ; la guérison des boiteux, des aveugles, des sourds, des muets, etc., opérée par J.-C.; mais surtout la résurrection de Lazare , qui n'est *probablement* qu'un *phénomène* de *médecine* , un moyen *purement physique* , qui a servi à rappeler à la vie un homme *probablement asphyxié* et auquel on aura prodigué les *secours de l'art;* mais nous espérons que ce sera pour vous le sujet d'un autre article, dans lequel vous nous donnerez de « *concevoir plus facilement les effets des miracles.* »

Agréez, Monsieur, l'assurance de ma considération distinguée,

18 septembre 1815.

Henri GAUTIER DE CLAUBRY.

Nota. J'avais envoyé cette lettre pour qu'elle fût insérée dans le *Journal de Pharmacie* ; M. Virey a eu la bonne foi d'en demander lui-même l'impression ; mais quelques-uns de ses collègues l'ont refusé. Je dois rendre cette justice à M. Virey.

IMPRIMERIE DE FAIN , rue de racine, place de l'odéon.